C-3
초등수학 계산법

10 · 분 · 의 · 비 · 법

10분
쉽게 배우는 초등 수학
계산법

학습수학 연구회 편

(주) 지원출판

2012년 10월 10일 초판 **인쇄**
2012년 10월 15일 초판 **발행**

발행처 주식회사 지원 출판
발행인 김진용
기획 디자인여우야

주 소 경기도 파주시 탄현면 축현리 146
전 화 031-941-4474
팩 스 031-941-5495

등록번호 406-2008-000040호
ISBN 978-89-97157-31-0(63410)

이 책의 구성과 특징

수학의 기초가 튼튼해지는 10분 계산법
계산은 수학의 기본으로 숫자에 대한 감각을 익히고 기초 계산 능력을 향상시킴으로써 수학 공부의 기초를 튼튼히 할 수 있습니다.

두뇌를 발달시키고 숫자에 대한 감각을 익혀주는 10분 계산법
아이가 계산을 하다보면 숫자에 대한 감각을 익히고 계산의 논리를 깨우치게 됩니다.

논리적이고 합리적인 사고력과 문제 해결력을 길러 주는 10분 계산법
수학을 잘하는 어린이는 머리가 좋아서 잘하는 것이 아니라 수학의 계산법의 기술을 터득하여 잘하는 것입니다.

계산의 논리를 깨우치게 하는 10분 계산법
계산은 아이의 뇌를 자극하여 두뇌를 발달시킵니다. 그러다보면 집중력이 향상되어 공부의 습관이 길러집니다.

성취감을 알게 하는 10분 계산법
집중력이 향상되는 학습습관을 기르다보면 다른 공부까지 잘하게 되는 현상이 이어집니다.

스스로 공부하게 되는 10분 계산법
'10분 계산법'은 초등수학을 01~90단계로 기초−실력−완성편으로 단계별 능력별 학습법으로 구성되어 있습니다. 각 단계마다 8회의 반복 학습으로 충분히 연습할 수 있도록 하여 아이 스스로 공부할 수 있게 하였습니다.

차 례

이 · 렇 · 게 · 지 · 도 · 해 · 주 · 세 · 요

1. 아이의 능력에 맞는 단계에서 시작합니다.

'10분 계산법'은 실력에 따라 단계별로 구성된 교재입니다.

학년이나 나이와 상관없이 아이의 수준에 따라 시작해주십시오. 그래야 아이가 공부에 대해 성취감과 자신감을 갖게 됩니다. 처음부터 어려움을 느낀다면 아이가 흥미를 잃게 됩니다.

2. 규칙적으로 꾸준히 공부하도록 분위기를 만들어 줍니다.

올바른 공부 방법은 규칙적으로 하는 것입니다. 하루도 빠짐없이 매일 10분씩이라도 정해진 분량을 공부하도록 합니다.

3. 계산 원리를 이해시키면 수학이 쉬워집니다.

수학의 기본적인 원리를 이해해야만 논리적인 사고력을 키울 수가 있습니다. 기본적인 원리를 이해시켜야 아이가 흥미를 가지고 집중력을 기를 수가 있습니다.

4. 단원의 마지막 마다 나오는 성취 테스트에서 아이의 성취도를 확인해 주세요.

성취 테스트에서 아이가 완전히 이해한 후 다음 단계로 넘어가 주세요. 능력에 맞는 학습 분량과 학습 시간을 체크해 가면서 학습 목표를 100% 달성하는 것이 중요합니다.

5. 문장 수학 논술 문제에서는 풀이 과정을 정확하게 적도록 해 주세요.

계산 원리를 제대로 이해했는지 알 수 있도록 해 주는 것이 풀이 과정입니다.

6. 아이에게 칭찬과 격려를 해 주세요.

아이는 자신감이 생겨야 집중력을 발휘할 수가 있습니다. 조금 부족하더라도 칭찬과 격려를 해주신다면 아이는 자신감이 생겨서 성적이 쑥쑥 오를 것 입니다.

C-3
초등수학 계산법

10 · 분 · 의 · 비 · 법

10분
쉽게 배우는 초등 수학
계산법

(주)지원출판

71단계 지·도·내·용

소수 한 자리 수의 덧셈

지도 내용

답을 쓸 때 소수점을 유의하여 쓰도록 지도해 주세요.

분수 $\dfrac{4}{10}$ 를 소수로 0.4라 쓰고, "영점사"라고 읽습니다.

10을 나눈 작은 한 개는 전체의 $\dfrac{1}{10}$ 입니다. 분수 $\dfrac{1}{10}$ 을 소수 0.1이라 쓰고, "영점일"이라고 읽습니다.

⊙ **소수 한 자리 수의 덧셈**

$\dfrac{1}{10}$ = 소수 0.1(10으로 나눈 것 중의 1)

$\dfrac{1}{100}$ = 0.01(100으로 나눈 것 중의 1)

$\dfrac{1}{1000}$ = 0.001(1000으로 나눈 것 중의 1)

①   0.4   소수 첫째 자리를 더합니다.
    + 3.7   더한 값이 10 이상이면 받아 올림을 합니다.

②   0.4   일의 자리 수끼리 더합니다.
    + 3.7   받아 올린 수가 있으면 같이 더합니다.
    4.1   소수점을 그대로 내려서 찍습니다.

소수 한 자리 수의 덧셈

71 단계

실 | 력 | 편

71단계 종합 성적

참 잘했어요!	잘했어요!	열심히 했어요!
틀린 개수 0~2개	틀린 개수 3~5개	틀린 개수 6개 이상

● 학습 일정 관리표 ●

	정답수	오답수	공부한 날	확 인
71-01호				
71-02호				
71-03호				
71-04호				
71-05호				
71-06호				
71-07호				
71-08호				

- 엄마와 함께 공부하면서 아이가 직접 써 나가도록 지도해 주세요.
- 틀린 개수를 확인하고 왜 틀렸는지 다시 한번 내용을 확인해 주세요.

■ 다음 소수의 덧셈을 하시오

① 1.5 + 0.6 =

② 6.2 + 0.8 =

③ 1.3 + 1.2 =

④ 7.2 + 4.7 =

⑤ 1.7 + 0.9 =

⑥ 13.1 + 3.2 =

⑦ 2.5 + 0.8 =

⑧ 11.9 + 0.4 =

⑨ 1.6 + 1.3 =

⑩ 16.3 + 7.2 =

⑪ 4.7 + 1.5 =

⑫ 17.5 + 7.9 =

재미있게 공부 하는 문장 수학 논술 문제	1. 예린이의 연필 길이는 7.9cm이고, 예준이의 연필 길이는 6.3cm 입니다. 예린이와 예준이의 연필을 붙이면 그 길이는 얼마나 될까요?

다음 소수의 덧셈을 하시오

❶ $1.8 + 1.3 =$

❷ $18.9 + 0.5 =$

❸ $2.2 + 5.3 =$

❹ $24.5 + 4.7 =$

❺ $4.7 + 2.5 =$

❻ $9.9 + 13.1 =$

❼ $4.9 + 0.4 =$

❽ $5.5 + 42.5 =$

❾ $14 + 4.3 =$

❿ $14.9 + 40 =$

⓫ $6.7 + 15 =$

⓬ $58.9 + 30 =$

식을 세워 보자! _____

정답 : (   )

■ 다음 소수의 덧셈을 하시오

❶ $1.3 + 0.9 =$

❷ $8 + 3.2 =$

❸ $1.5 + 1.2 =$

❹ $6.7 + 10 =$

❺ $2.5 + 3.7 =$

❻ $14.5 + 2.7 =$

❼ $4.2 + 6.5 =$

❽ $16.2 + 8.7 =$

❾ $3.7 + 5.4 =$

❿ $24.5 + 5 =$

⓫ $5.2 + 3.9 =$

⓬ $48 + 3.9 =$

재미있게 공부 하는 문장 수학 논술 문제	2. 상규네 집에서 학교까지는 3.5km입니다. 학교에서 도서관까지는 2.6km 더 가야 합니다. 그러면 상규네 집에서 도서관까지의 거리 는 얼마 입니까?

■ 다음 소수의 덧셈을 하시오

❶ $1.7 + 3.6 =$

❷ $8.9 + 13 =$

❸ $6.9 + 0.7 =$

❹ $7.3 + 9.2 =$

❺ $4.2 + 4.9 =$

❻ $14.2 + 5.9 =$

❼ $8.2 + 8.3 =$

❽ $17.2 + 3.9 =$

❾ $4.7 + 9.2 =$

❿ $28 + 4.2 =$

⓫ $41 + 3.2 =$

⓬ $37.9 + 0.7 =$

식을 세워 보자! _____

정답 : (   )

■ 다음 소수의 덧셈을 하시오

① $1.7 + 0.3 =$

② $41 + 3.7 =$

③ $1.2 + 1.5 =$

④ $5.9 + 12.1 =$

⑤ $4.7 + 0.8 =$

⑥ $4.7 + 5.3 =$

⑦ $4.9 + 2.5 =$

⑧ $4.6 + 8.3 =$

⑨ $4.7 + 12 =$

⑩ $16.3 + 3.9 =$

⑪ $14.5 + 3.9 =$

⑫ $18.6 + 5.2 =$

재미있게 공부 하는 문장 수학 논술 문제	3. 성희는 토마토 4.3kg을 수확했고, 정혁이는 참외 10.9kg을 수확했습니다. 성희와 정혁이가 수확한 토마토와 참외는 모두 몇 kg일까요?

■ 다음 소수의 덧셈을 하시오

❶ $1.5 + 1.9 =$

❷ $9.2 + 18 =$

❸ $4.7 + 0.5 =$

❹ $4.6 + 5.1 =$

❺ $3.2 + 4.5 =$

❻ $18 + 3.9 =$

❼ $2.9 + 5.2 =$

❽ $6.1 + 7.4 =$

❾ $2.7 + 1.8 =$

❿ $3.8 + 3.7 =$

⓫ $4.5 + 2.7 =$

⓬ $13.9 + 3.7 =$

식을 세워 보자! _____

정답 : (   )

■ 다음 소수의 덧셈을 하시오

❶ 1.5 + 3.2 =

❷ 13 + 4.9 =

❸ 1.8 + 1.8 =

❹ 6.7 + 8.2 =

❺ 4.1 + 0.8 =

❻ 14.1 + 3.9 =

❼ 6.2 + 3.6 =

❽ 17.8 + 5.7 =

❾ 2.3 + 1.8 =

❿ 4.7 + 15.9 =

⓫ 3.5 + 3.7 =

⓬ 9.1 + 16.3 =

재미있게 공부 하는 문장 수학 논술 문제	4. 예진이는 아빠와 함께 등산을 했습니다. 아침에 출발해서 4.2km 를 올랐고, 점심을 먹고 5.6km를 올랐습니다. 예진이가 등산한 거 리는 모두 얼마일까요?

■ 다음 소수의 덧셈을 하시오

① $1.5 + 1.7 =$

② $18 + 3.9 =$

③ $4.5 + 6.3 =$

④ $8.5 + 8.7 =$

⑤ $3.7 + 1.5 =$

⑥ $14.5 + 3.9 =$

⑦ $2.6 + 4.2 =$

⑧ $17.5 + 37 =$

⑨ $1.9 + 0.9 =$

⑩ $9.9 + 16.3 =$

⑪ $2.5 + 3.5 =$

⑫ $8.2 + 36.5 =$

식을 세워 보자! _____

정답 : (   )

다음 소수의 덧셈을 하시오.

❶ $3.5 + 3.7 =$

❷ $6.2 + 13.6 =$

❸ $1.5 + 10.6 =$

❹ $15.9 + 5.7 =$

❺ $6.9 + 4.2 =$

❻ $9.9 + 16.3 =$

❼ $18 + 3.9 =$

❽ $18.7 + 19.4 =$

❾ $8.3 + 2.9 =$

❿ $38.1 + 18.3 =$

⓫ $1.8 + 1.3 =$

⓬ $42.3 + 27.9 =$

⓭ $3.2 + 4.9 =$

⓮ $34.9 + 17.7 =$

⓯ $19.3 + 5.2 =$

⓰ $82.3 + 0.7 =$

⑰ 17.3 + 23.6 =

⑱ 53.4 + 27 =

⑲ 43 + 52.9 =

⑳ 64.3 + 69 =

㉑ 7.7 + 18.9 =

㉒ 18.6 + 95.7 =

㉓ 33.6 + 18.4 =

㉔ 3.7 + 15.3 =

테스트 결과표

성취도 테스트 문제는 앞 장의 공부가 끝나고 얼마나 정확하고 빠르게 습득했는 지를 알아보기 위한 확인과정의 테스트입니다.

아이가 무엇을 이해 못하는지 어느 부분에서 실수를 하는지 보완하고 잡아주기 위한 자료로 활용하시면 아이에게 큰 도움이 될 것입니다.

정답수	24문제	21문제	18문제	18문제 이하
성취도	아주 잘함	잘함	보통	부족함

※ 정답은 뒷장에 있습니다.

72단계 지·도·내·용

소수 두 자리 수의 덧셈

지도 내용

받아 올림한 수를 빠뜨리고 계산하지 않도록 주의시켜 주세요.
소수 두 자리 수의 덧셈과 자리 수가 다른 소수끼리의 덧셈은 자연수
의 덧셈과 비슷합니다.

⊙ 받아올림이 없는 소수 두 자리 수의 덧셈

소수 둘째 자리 계산	소수 첫째 자리 계산	일의 자리 계산
0.32	0.32	0.32
+ 0.13	+ 0.13	+ 0.13
5	45	0.45

⊙ 받아올림이 있는 소수 두 자리 수의 덧셈

0.94	0.94	0.94	0.94
+ 11.08	+ 11.08	+ 11.08	+ 11.08
2	02	202	12.02

소수 둘째 자리 수끼리 계산하고, 더한 값이 10 이상 이면 소수 첫째자리로 받아 올립니다.

소수 첫째 자리를 계산하고, 더한 값이 10이상이면 일의 자리로 받아 올립니다.

일의 자리를 더합니다. 받아올린 수가 있으면 모두 더합니다.

십의 자리를 내려 쓰고, 소수점을 찍습니다.

소수 두 자리 수의 덧셈

72단계 종합 성적

참 잘했어요!	잘했어요!	열심히 했어요!
틀린 개수 0~2개	틀린 개수 3~5개	틀린 개수 6개 이상

● 학습 일정 관리표 ●

	정답수	오답수	공부한 날	확 인
72–01호				
72–02호				
72–03호				
72–04호				
72–05호				
72–06호				
72–07호				
72–08호				

• 엄마와 함께 공부하면서 아이가 직접 써 나가도록 지도해 주세요.

• 틀린 개수를 확인하고 왜 틀렸는지 다시 한번 내용을 확인해 주세요.

■ 다음 소수의 덧셈을 하시오

❶ $2.72 + 2.09 =$

❷ $5.23 + 5.47 =$

❸ $3.35 + 1.76 =$

❹ $7.3 + 5.27 =$

❺ $5.33 + 1.79 =$

❻ $6.7 + 3.54 =$

❼ $2.69 + 3.9 =$

❽ $7.27 + 3.9 =$

❾ $4.52 + 4.7 =$

❿ $2.87 + 3.51 =$

⓫ $6.9 + 6.37 =$

⓬ $19.91 + 0.3 =$

재미있게 공부
하는 문장 수학
논술 문제

5. 물통에 물이 2.59리터 있었는데 1.41리터를 더 넣었습니다.
물통에 물은 모두 몇 리터일까요?

◾ 다음 소수의 덧셈을 하시오

❶ 2.83 + 2.62 =

❷ 17.3 + 5.95 =

❸ 4.79 + 1.83 =

❹ 17.37 + 3.95 =

❺ 18.59 + 8.3 =

❻ 17.83 + 27.37 =

❼ 8.2 + 8.35 =

❽ 82.37 + 15.69 =

❾ 6.69 + 3.7 =

❿ 1.37 + 1.47 =

⓫ 14.95 + 4.73 =

⓬ 4.59 + 6.37 =

식을 세워 보자! _____

정답 : (   )

■ 다음 소수의 덧셈을 하시오

① $2.55 + 3.69 =$

② $18.3 + 4.75 =$

③ $2.79 + 3.83 =$

④ $16.67 + 8.3 =$

⑤ $2.69 + 0.07 =$

⑥ $4.71 + 4.56 =$

⑦ $4.56 + 0.17 =$

⑧ $1.71 + 3.56 =$

⑨ $1.87 + 0.56 =$

⑩ $13.31 + 5.59 =$

⑪ $2.69 + 2.37 =$

⑫ $17.57 + 25.81 =$

재미있게 공부 하는 문장 수학 논술 문제	6. 숙희의 몸무게는 27.37kg입니다. 강아지 무게가 6.83kg이라면 숙희가 강아지를 안고 몸무게를 재면 몇 kg일까요?

■ 다음 소수의 덧셈을 하시오

❶ 2.59 + 2.87 =

❷ 18.37 + 8.39 =

❸ 4.63 + 1.58 =

❹ 38 + 16.56 =

❺ 1.17 + 3.5 =

❻ 14.7 + 53.37 =

❼ 18.5 + 8.37 =

❽ 17.9 + 15.32 =

❾ 4.57 + 1.08 =

❿ 17.37 + 9.3 =

⓫ 6.23 + 4.05 =

⓬ 33.5 + 16.47 =

식을 세워 보자! _____

정답 : (   )

■ 다음 소수의 덧셈을 하시오

❶ 25.6 + 1.27 =

❷ 7.31 + 15.37 =

❸ 24.5 + 3.79 =

❹ 17.3 + 23.57 =

❺ 4.78 + 5.37 =

❻ 5.71 + 5.08 =

❼ 12.3 + 3.73 =

❽ 16.31 + 8.09 =

❾ 4.71 + 8.23 =

❿ 38.07 + 15.33 =

⓫ 14.5 + 3.71 =

⓬ 1.08 + 1.37 =

재미있게 공부 하는 문장 수학 논술 문제	7. 경숙이의 물통은 15.25kg이고, 복희의 물통은 16.18kg입니다. 경숙이와 복희의 물통의 무게는 모두 몇 kg일까요?

■ 다음 소수의 덧셈을 하시오

❶ 2.45 + 3.79 =

❷ 4.71 + 4.52 =

❸ 2.53 + 1.62 =

❹ 14.5 + 0.71 =

❺ 16.07 + 13.9 =

❻ 14.61 + 15.2 =

❼ 38.12 + 4.07 =

❽ 18.56 + 8.71 =

❾ 43 + 13.07 =

❿ 16.92 + 0.37 =

⓫ 5.3 + 0.07 =

⓬ 19.36 + 5.31 =

식을 세워 보자! _____

정답 : (   )

🔲 다음 소수의 덧셈을 하시오

❶ 2.31 + 2.73 =

❷ 4.56 + 42 =

❸ 2.69 + 2.34 =

❹ 13.5 + 4.71 =

❺ 4.13 + 0.07 =

❻ 1.51 + 0.07 =

❼ 15.7 + 3.07 =

❽ 1.81 + 0.31 =

❾ 5.08 + 3.71 =

❿ 32.27 + 5.4 =

⓫ 18.3 + 37 =

⓬ 44.52 + 4.7 =

| 재미있게 공부 하는 문장 수학 논술 문제 | 8. 미숙이가 자전거를 타고 호수공원까지 간 거리는 12.91km입니다. 호수공원에서 집까지 지름길로 오면 11.75km를 더 타야합니다. 오늘 미숙이가 자전거를 탄 거리는 총 몇km 일까요? |

■ 다음 소수의 덧셈을 하시오

❶ 2.53 + 1.62 =

❷ 5.29 + 5.3 =

❸ 14.9 + 5.71 =

❹ 14.6 + 5.31 =

❺ 6.71 + 8.39 =

❻ 1.63 + 0.83 =

❼ 17.31 + 7.5 =

❽ 1.53 + 0.16 =

❾ 8.56 + 8.33 =

❿ 44.06 + 3.4 =

⓫ 2.35 + 3.52 =

⓬ 24.63 + 32.51 =

식을 세워 보자! _____

정답 : (   )

■ 다음 소수의 덧셈을 하시오.

① 3.15 + 1.36 =

② 13.5 + 0.37 =

③ 2.85 + 1.36 =

④ 14.6 + 3.42 =

⑤ 4.15 + 1.62 =

⑥ 13.56 + 0.71 =

⑦ 1.7 + 0.38 =

⑧ 11.42 + 0.71 =

⑨ 1.71 + 0.82 =

⑩ 13.11 + 50.42 =

⑪ 1.08 + 0.72 =

⑫ 14.42 + 17.31 =

⑬ 2.53 + 12.3 =

⑭ 15.49 + 16.42 =

⑮ 4.39 + 14.2 =

⑯ 1.07 + 13.34 =

⑰ 43.41 + 0.71 =

⑱ 14.42 + 47.1 =

⑲ 15.07 + 5.32 =

⑳ 14.56 + 11.48 =

㉑ 32.59 + 0.71 =

㉒ 24.52 + 46.71 =

㉓ 4.39 + 0.71 =

㉔ 42.56 + 18.07 =

테스트 결과표

성취도 테스트 문제는 앞 장의 공부가 끝나고 얼마나 정확하고 빠르게 습득했는 지를 알아보기 위한 확인과정의 테스트입니다.
아이가 무엇을 이해 못하는지 어느 부분에서 실수를 하는지 보완하고 잡아주기 위한 자료로 활용하시면 아이에게 큰 도움이 될 것입니다.

정답수	24문제	21문제	18문제	18문제 이하
성취도	**아주 잘함**	**잘함**	**보통**	**부족함**

※ 정답은 뒷장에 있습니다.

73단계 지·도·내·용

소수의 덧셈

지도 내용

자리 수가 다른 소수끼리의 덧셈을 계산하고 자연수의 덧셈과 같은 방식으로 계산합니다.

소수점을 기준으로 자리를 맞추어 계산하고 자연수의 덧셈과 같은 방법으로 소수 첫째 자리 수, 소수 둘째 자리 수, 일의 자리 수끼리 차례로 계산을 합니다.

◉ 자리 수가 다른 소수끼리의 덧셈

5.8	5.8	5.8	5.8
+ 41.03	+ 41.03	+ 41.03	+ 41.03
3	83	6.83	46.83
소수 둘째 자리끼리 더합니다.	소수 첫째 자리끼리 더하고 더한 값이 10 이상이면 일의 자리로 받아올립니다.	일의 자리끼리 더하고 더한 값이 10 이상이면 십의 자리로 받아올립니다.	십의 자리를 더하고 소수점을 찍습니다.

◉ 가로셈

$$0.5 + 0.6 = 1.1$$

같은 자리끼리 더하고 소수점 만큼 찍어주면 됩니다.

72단계 성취도문제 정답

❶ 4.51 ❷ 13.87 ❸ 4.21 ❹ 18.02 ❺ 5.77 ❻ 14.27 ❼ 2.08 ❽ 12.13
❾ 2.53 ❿ 63.53 ⑪ 1.8 ⑫ 31.73 ⑬ 14.83 ⑭ 31.91 ⑮ 18.59 ⑯ 14.41
⑰ 44.12 ⑱ 61.52 ⑲ 20.39 ⑳ 26.04 ㉑ 33.3 ㉒ 71.23 ㉓ 5.1 ㉔ 60.63

72단계 문장 수학 논술 문제 정답

5. 식 2.59+1.41
   답 4

6. 식 27.37+6.83
   답 34.2

7. 식 15.25+16.18
   답 31.43

8. 식 12.91+11.75
   답 24.66

소수의 덧셈

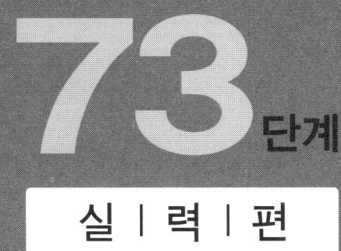

73단계

실 | 력 | 편

73단계 종합 성적

참 잘했어요!	잘했어요!	열심히 했어요!
틀린 개수 0~2개	틀린 개수 3~5개	틀린 개수 6개 이상

● 학습 일정 관리표 ●

	정답수	오답수	공부한 날	확 인
73-01호				
73-02호				
73-03호				
73-04호				
73-05호				
73-06호				
73-07호				
73-08호				

• 엄마와 함께 공부하면서 아이가 직접 써 나가도록 지도해 주세요.

• 틀린 개수를 확인하고 왜 틀렸는지 다시 한번 내용을 확인해 주세요.

■ 다음 소수의 덧셈을 하시오

❶ $1.7 + 0.9 =$

❷ $1.2 + 3.7 =$

❸ $5.3 + 12.2 =$

❹ $14.5 + 42.7 =$

❺ $2.43 + 15.6 =$

❻ $4.73 + 15.2 =$

❼ $8.9 + 1.25 =$

❽ $31.4 + 5.46 =$

❾ $4.56 + 0.09 =$

❿ $7.47 + 8.45 =$

⓫ $3.57 + 37.9 =$

⓬ $9.07 + 26.2 =$

재미있게 공부하는 문장 수학 논술 문제	9. 어떤 수에 26.7을 더해야 할 것을 잘못하여 뺐더니 답이 2.55가 되었습니다. 어떤 수는 얼마일까요?

■ 다음 소수의 덧셈을 하시오

❶ 4.2 + 0.8 =

❷ 4.5 + 0.7 =

❸ 1.7 + 4.13 =

❹ 14.9 + 0.37 =

❺ 4.7 + 5.7 =

❻ 13.3 + 12.59 =

❼ 5.3 + 0.13 =

❽ 48.3 + 2.47 =

❾ 14.7 + 2.75 =

❿ 10.47 + 2.52 =

⓫ 3.42 + 5.21 =

⓬ 8.05 + 48.5 =

식을 세워 보자! _____

정답 : (　　　　　　　)

■ 다음 소수의 덧셈을 하시오

❶ $1.7 + 4.3 =$

❷ $4.2 + 4.7 =$

❸ $4.7 + 4.13 =$

❹ $13.3 + 15.9 =$

❺ $14.5 + 48.3 =$

❻ $38.2 + 4.59 =$

❼ $6.3 + 16.69 =$

❽ $21 + 6.54 =$

❾ $18 + 43.2 =$

❿ $5.37 + 7.52 =$

⓫ $49.3 + 2.45 =$

⓬ $9.38 + 32.1 =$

재미있게 공부 하는 문장 수학 논술 문제	10. 유치원에서 아이들 간식으로 딸기는 13.3kg을 사고, 토마토는 12.59kg을 샀습니다. 딸기와 토마토의 무게는 모두 몇 kg일까요?

■ 다음 소수의 덧셈을 하시오

❶ 33 + 4.2 =

❷ 8.3 + 12.5 =

❸ 6.7 + 13.6 =

❹ 14.6 + 37.47 =

❺ 7.9 + 42.03 =

❻ 7.3 + 0.08 =

❼ 14.5 + 0.72 =

❽ 6.71 + 0.71 =

❾ 6.47 + 13.5 =

❿ 4.47 + 35.4 =

⓫ 9.74 + 48.5 =

⓬ 9.09 + 4.52 =

식을 세워 보자! _____

정답 : (　　　　　　　　)

■ 다음 소수의 덧셈을 하시오

① $7.3 + 14.5 =$

② $4.7 + 0.8 =$

③ $4.51 + 14.8 =$

④ $9.27 + 5.2 =$

⑤ $25 + 0.71 =$

⑥ $4.9 + 0.14 =$

⑦ $9.52 + 3.74 =$

⑧ $9.5 + 14.5 =$

⑨ $37.4 + 3.07 =$

⑩ $24.8 + 43.7 =$

⑪ $9.56 + 8.7 =$

⑫ $3.37 + 12.5 =$

재미있게 공부 하는 문장 수학 논술 문제	11. 아이스크림 가게에서 한통에 0.12kg의 아이스크림을 두통 샀습 니다. 가게에서 산 아이스크림의 무게는 총 몇 kg일까요?

■ 다음 소수의 덧셈을 하시오

❶ 4.8 + 0.7 =

❷ 13.5 + 4.7 =

❸ 13.5 + 3.2 =

❹ 6.9 + 3.8 =

❺ 1.81 + 0.79 =

❻ 6.8 + 0.81 =

❼ 3.37 + 4.52 =

❽ 15.1 + 37.5 =

❾ 5.32 + 8.8 =

❿ 16.3 + 0.81 =

⓫ 4.9 + 6.12 =

⓬ 37.5 + 4.2 =

식을 세워 보자!　_____

정답 : (　　　　　　　)

■■ 다음 소수의 덧셈을 하시오

❶ $4.5 + 0.8 =$

❷ $3.7 + 10 =$

❸ $14.6 + 37.5 =$

❹ $4.7 + 15.2 =$

❺ $5.71 + 15.2 =$

❻ $5.36 + 3.2 =$

❼ $5.3 + 0.87 =$

❽ $1.7 + 15.6 =$

❾ $3.37 + 0.83 =$

❿ $4.71 + 5.37 =$

⓫ $16.4 + 0.71 =$

⓬ $14.6 + 4.59 =$

재미있게 공부 하는 문장 수학 논술 문제	12. 자동차에 휘발유가 48.32리터 들어 있었는데 10.15리터를 더 넣었습니다. 휘발유는 총 몇 리터가 들어있을까요?

■ 다음 소수의 덧셈을 하시오

❶ $1.5 + 2.3 =$

❷ $1.7 + 4.2 =$

❸ $4.7 + 0.81 =$

❹ $4.51 + 0.4 =$

❺ $16.7 + 3.7 =$

❻ $24.5 + 8.71 =$

❼ $4.56 + 5.5 =$

❽ $46.2 + 27.5 =$

❾ $14.5 + 5.67 =$

❿ $7.57 + 2.95 =$

⓫ $38.6 + 4.42 =$

⓬ $1.71 + 3.81 =$

식을 세워 보자! _____

정답 : (   )

■ 다음 소수의 덧셈을 하시오.

① 6.2 + 4.7 =

② 48.5 + 0.81 =

③ 14.2 + 32.6 =

④ 1.5 + 13.7 =

⑤ 43 + 5.3 =

⑥ 18.2 + 0.43 =

⑦ 1.87 + 13.2 =

⑧ 2.52 + 3.75 =

⑨ 4.54 + 37.4 =

⑩ 4.2 + 1.5 =

⑪ 5.71 + 5.91 =

⑫ 1.71 + 3.4 =

⑬ 1.5 + 0.35 =

⑭ 17.5 + 0.81 =

⑮ 16.3 + 42.1 =

⑯ 33.7 + 3.42 =

⑰ $6.25 + 7.49 =$

⑱ $6.52 + 7.8 =$

⑲ $1.81 + 4.2 =$

⑳ $4.56 + 2.25 =$

㉑ $4.7 + 2.8 =$

㉒ $9.91 + 7.32 =$

㉓ $1.31 + 4.9 =$

㉔ $6.4 + 0.75 =$

테스트 결과표

성취도 테스트 문제는 앞 장의 공부가 끝나고 얼마나 정확하고 빠르게 습득했는지를 알아보기 위한 확인과정의 테스트입니다.
아이가 무엇을 이해 못하는지 어느 부분에서 실수를 하는지 보완하고 잡아주기 위한 자료로 활용하시면 아이에게 큰 도움이 될 것입니다.

정답수	24문제	21문제	18문제	18문제 이하
성취도	아주 잘함	잘함	보통	부족함

※ 정답은 뒷장에 있습니다.

74단계 지·도·내·용

소수 한 자리 수의 뺄셈

지도 내용

소수의 뺄셈은 자연수의 뺄셈과 같은 방법으로 계산하며, 받아내림을 지도해 주세요.

⊙ 받아내림이 없는 소수 한 자리 수의 뺄셈

소수 첫째 자리 계산	일의 자리 계산	소수점을 찍는다.
$\begin{array}{r} 0.8 \\ -\ 0.3 \\ \hline 5 \end{array}$	$\begin{array}{r} 0.8 \\ -\ 0.3 \\ \hline 05 \end{array}$	$\begin{array}{r} 0.8 \\ -\ 0.3 \\ \hline 0.5 \end{array}$

⊙ 받아내림이 있는 소수 한 자리 수의 뺄셈

소수 첫째 자리 계산	일의 자리 계산	소수점을 찍는다.
$\begin{array}{r} 3.5 \\ -\ 0.7 \\ \hline 8 \end{array}$	$\begin{array}{r} 3.5 \\ -\ 0.7 \\ \hline 28 \end{array}$	$\begin{array}{r} 3.5 \\ -\ 0.7 \\ \hline 2.8 \end{array}$

73단계 성취도문제 정답

❶ 10.9 ❷ 49.31 ❸ 46.8 ❹ 15.2 ❺ 48.3 ❻ 18.63 ❼ 15.07 ❽ 6.27 ❾ 41.94 ❿ 5.7 ⑪ 11.62 ⑫ 5.11 ⑬ 1.85 ⑭ 18.3 ⑮ 58.4 ⑯ 37.12 ⑰ 13.74 ⑱ 14.32 ⑲ 6.01 ⑳ 6.81 ㉑ 7.5 ㉒ 17.23 ㉓ 6.21 ㉔ 7.15

73단계 문장 수학 논술 문제 정답

9. 식 26.7+2.55
답 29.25

10. 식 13.3+12.59
답 25.89

11. 식 0.12+0.12
답 0.24

12. 식 48.32+10.15
답 58.47

소수 한 자리
수의 뺄셈

74단계 종합 성적

참 잘했어요!	잘했어요!	열심히 했어요!
틀린 개수 0~2개	틀린 개수 3~5개	틀린 개수 6개 이상

● 학습 일정 관리표 ●

	정답수	오답수	공부한 날	확 인
74-01호				
74-02호				
74-03호				
74-04호				
74-05호				
74-06호				
74-07호				
74-08호				

• 엄마와 함께 공부하면서 아이가 직접 써 나가도록 지도해 주세요.

• 틀린 개수를 확인하고 왜 틀렸는지 다시 한번 내용을 확인해 주세요.

■ 다음 소수의 뺄셈을 하시오.

❶ $12 - 4.5 =$

❷ $9.9 - 1.5 =$

❸ $1.9 - 0.2 =$

❹ $14.5 - 2.1 =$

❺ $4.7 - 0.8 =$

❻ $16.5 - 12.9 =$

❼ $11 - 5.5 =$

❽ $4.5 - 2 =$

❾ $13.5 - 0.5 =$

❿ $10.6 - 3.3 =$

⓫ $14 - 4.7 =$

⓬ $15.3 - 1.1 =$

재미있게 공부 하는 문장 수학 논술 문제	13. 민경이는 작년 겨울보다 몸무게가 2.5kg이 더 늘어 올해 겨울에는 25.7kg이 되었습니다. 작년 겨울 민경이의 몸무게는 몇 kg이었을까요?

■ 다음 소수의 **뺄셈**을 하시오.

① 2.5 - 0.7 =

② 17.5 - 3.2 =

③ 4.2 - 1.9 =

④ 16.7 - 2.7 =

⑤ 6.9 - 0.7 =

⑥ 17.6 - 13.3 =

⑦ 9.7 - 7.2 =

⑧ 26.7 - 18.9 =

⑨ 44 - 0.8 =

⑩ 14.6 - 10.9 =

⑪ 14 - 4.7 =

⑫ 25.7 - 4.9 =

식을 세워 보자! _____

정답 : (   )

■ 다음 소수의 뺄셈을 하시오.

❶ $1.8 - 0.3 =$

❷ $13.5 - 0.7 =$

❸ $5.5 - 0.7 =$

❹ $14.9 - 4.2 =$

❺ $4.2 - 0.8 =$

❻ $13.1 - 8.4 =$

❼ $3.5 - 1.2 =$

❽ $14.6 - 4.2 =$

❾ $9.7 - 3.2 =$

❿ $12 - 3.6 =$

⓫ $11 - 4.7 =$

⓬ $33 - 18.7 =$

재미있게 공부 하는 문장 수학 논술 문제	14. 진욱이는 어제 포도를 37.5kg 땄습니다. 오늘 시장에 16.9kg을 팔았습니다. 팔고 남은 포도는 몇 kg일까요?

■ 다음 소수의 뺄셈을 하시오.

❶ 4.2 - 0.7 =

❷ 4.2 - 0.8 =

❸ 2.5 - 0.5 =

❹ 16.2 - 3.6 =

❺ 5.5 - 3.2 =

❻ 11 - 9.2 =

❼ 6.7 - 4.3 =

❽ 14.5 - 4.7 =

❾ 15 - 3.2 =

❿ 13.5 - 3.4 =

⓫ 11 - 8.7 =

⓬ 31.6 - 10.5 =

식을 세워 보자! _____

정답 : (   )

■■ 다음 소수의 뺄셈을 하시오.

❶ 2.2 - 0.5 =

❷ 14.2 - 4.6 =

❸ 4.7 - 0.8 =

❹ 19.5 - 3.9 =

❺ 3.5 - 1.9 =

❻ 38 - 15.7 =

❼ 9.5 - 6.2 =

❽ 11.9 - 3.7 =

❾ 9 - 3.5 =

❿ 16.5 - 4.5 =

⓫ 14 - 10.3 =

⓬ 31.7 - 10.8 =

| 재미있게 공부 하는 문장 수학 논술 문제 | 15. 주연이의 가방과 주희의 가방의 총 무게는 12.6kg입니다. 주희의 가방 무게가 8.7kg 이라면 주연이의 가방 무게는 몇 kg일까요? |

■ 다음 소수의 뺄셈을 하시오.

❶ $4.5 - 1.2 =$

❷ $5.9 - 3.7 =$

❸ $3.9 - 0.7 =$

❹ $3.8 - 0.5 =$

❺ $5.3 - 3.9 =$

❻ $16.6 - 10.3 =$

❼ $7.5 - 0.8 =$

❽ $31.9 - 10.3 =$

❾ $12 - 3.7 =$

❿ $19.3 - 15.2 =$

⓫ $21 - 4.7 =$

⓬ $28.3 - 10.9 =$

식을 세워 보자! _____

정답 : (   )

■ 다음 소수의 뺄셈을 하시오.

❶ $4.5 - 0.8 =$

❷ $9.7 - 2.6 =$

❸ $3.5 - 1.5 =$

❹ $11 - 4.9 =$

❺ $5.9 - 2.8 =$

❻ $13.6 - 0.8 =$

❼ $4.5 - 1.5 =$

❽ $33.5 - 10.9 =$

❾ $5.9 - 0.7 =$

❿ $28.8 - 13.6 =$

⓫ $13 - 4.5 =$

⓬ $30 - 10.7 =$

재미있게 공부 하는 문장 수학 논술 문제	16. 26.7cm의 테이프로 포장을 하고 나니 1.9cm가 남았습니다. 포장을 하는데 쓴 테이프는 몇 cm 일까요?

다음 소수의 뺄셈을 하시오.

❶ $4 - 0.8 =$

❷ $5.2 - 3.6 =$

❸ $3.5 - 1.2 =$

❹ $6.8 - 2.7 =$

❺ $4.7 - 0.5 =$

❻ $14 - 4.7 =$

❼ $6.2 - 0.8 =$

❽ $14.6 - 4.7 =$

❾ $5.5 - 1.2 =$

❿ $16.6 - 10.3 =$

⓫ $7.9 - 1.8 =$

⓬ $15.8 - 5.7 =$

식을 세워 보자! _____

정답 : (   )

■ 다음 소수의 뺄셈을 하시오.

❶ 4.5 - 2.6 =

❷ 49.9 - 10.3 =

❸ 4.2 - 0.8 =

❹ 28.3 - 10.8 =

❺ 3.5 - 0.9 =

❻ 44.7 - 27.8 =

❼ 9.5 - 4.3 =

❽ 38.7 - 10.9 =

❾ 9.5 - 2.6 =

❿ 31.6 - 10.4 =

⓫ 11 - 3.7 =

⓬ 38.4 - 18.6 =

⓭ 14 - 4.7 =

⓮ 16.6 - 3.7 =

⓯ 28 - 10.3 =

⓰ 19.9 - 9.5 =

공부한 날	월	일

⑰ 39.9 - 10.4 =

⑱ 11.8 - 3.7 =

⑲ 51.6 - 27.4 =

⑳ 38.7 - 10.8 =

㉑ 37.6 - 28.8 =

㉒ 64.5 - 42.7 =

㉓ 39.9 - 27.5 =

㉔ 73.8 - 54.5 =

테스트 결과표

성취도 테스트 문제는 앞 장의 공부가 끝나고 얼마나 정확하고 빠르게 습득했는지를 알아보기 위한 확인과정의 테스트입니다.
아이가 무엇을 이해 못하는지 어느 부분에서 실수를 하는지 보완하고 잡아주기 위한 자료로 활용하시면 아이에게 큰 도움이 될 것입니다.

정답수	24문제	21문제	18문제	18문제 이하
성취도	**아주 잘함**	**잘함**	**보통**	**부족함**

※ 정답은 뒷장에 있습니다.

소수 두 자리 수의 뺄셈

지도 내용 소수점 아래 자리 수가 다른 소수의 뺄셈은 자연수의 뺄셈과 똑같으나 앞에 소수점이 있다는 것을 가르칩니다.
자연수의 뺄셈과 같은 방법으로 같은 자리의 수끼리 차례로 계산합니다.

⊙ 받아내림이 없는 소수 두 자리 수의 뺄셈

소수 둘째 자리 계산	소수 첫째 자리 계산	일의 자리 계산
0.54	0.54	0.54
− 0.21	− 0.21	− 0.21
3	33	0.33

⊙ 받아내림이 있는 소수 두 자리 수의 뺄셈

소수 둘째 자리 계산	소수 첫째 자리 계산	일의 자리 계산
0.25	0.25	0.25
− 0.07	− 0.07	− 0.07
8	18	0.18

**74단계
성취도문제
정답**

① 1.9 ② 39.6 ③ 3.4 ④ 17.5 ⑤ 2.6 ⑥ 16.9 ⑦ 5.2 ⑧ 27.8
⑨ 6.9 ⑩ 21.2 ⑪ 7.3 ⑫ 19.8 ⑬ 9.3 ⑭ 12.9 ⑮ 17.7 ⑯ 10.4
⑰ 29.5 ⑱ 8.1 ⑲ 24.2 ⑳ 27.9 ㉑ 8.8 ㉒ 21.8 ㉓ 12.4 ㉔ 19.3

**74단계
문장 수학
논술 문제 정답**

13. 식 25.7−2.5
답 23.2

14. 식 37.5−16.9
답 20.6

15. 식 12.6−8.7
답 3.9

16. 식 26.7−1.9
답 24.8

소수 두 자리
수의 뺄셈

75 단계
실 | 력 | 편

75단계 종합 성적

참 잘했어요!	잘했어요!	열심히 했어요!
틀린 개수 0~2개	틀린 개수 3~5개	틀린 개수 6개 이상

● 학습 일정 관리표 ●

	정답수	오답수	공부한 날	확 인
75-01호				
75-02호				
75-03호				
75-04호				
75-05호				
75-06호				
75-07호				
75-08호				

• 엄마와 함께 공부하면서 아이가 직접 써 나가도록 지도해 주세요.

• 틀린 개수를 확인하고 왜 틀렸는지 다시 한번 내용을 확인해 주세요.

■ 다음 소수의 뺄셈을 하시오.

❶ 4.95 - 1.87 =

❷ 4.75 - 1.8 =

❸ 2.95 - 1.42 =

❹ 5.87 - 1.52 =

❺ 5.65 - 1.37 =

❻ 4.08 - 0.07 =

❼ 3.36 - 1.87 =

❽ 1.43 - 0.27 =

❾ 4.75 - 1.09 =

❿ 1.89 - 0.32 =

⓫ 4.65 - 1.89 =

⓬ 2 - 0.37 =

| 재미있게 공부 하는 문장 수학 논술 문제 | 17. 지은이는 식혜를 어제는 2.55리터 마셨고, 오늘은 1.49리터 마셨습니다. 지은이는 오늘보다 어제 몇 리터의 식혜를 더 마 셨을까요? |

■ 다음 소수의 뺄셈을 하시오.

❶ $4.37 - 1.25 =$

❷ $6 - 3.75 =$

❸ $5.35 - 2.37 =$

❹ $8.5 - 1.95 =$

❺ $4.75 - 1.09 =$

❻ $9.25 - 1.87 =$

❼ $5.82 - 2.53 =$

❽ $3.87 - 0.15 =$

❾ $1.81 - 0.08 =$

❿ $4.56 - 2.5 =$

⓫ $1.37 - 0.15 =$

⓬ $5.95 - 3.7 =$

식을 세워 보자! _____

정답 : (   )

■ 다음 소수의 뺄셈을 하시오.

❶ 7.03 - 2.37 =

❷ 4 - 0.81 =

❸ 2.89 - 1.07 =

❹ 6 - 3.71 =

❺ 4.25 - 1.89 =

❻ 1.95 - 0.37 =

❼ 5.87 - 2.56 =

❽ 9.5 - 1.73 =

❾ 9 - 3.52 =

❿ 4.7 - 0.81 =

⓫ 1.81 - 0.07 =

⓬ 5.89 - 2.71 =

| 재미있게 공부 하는 문장 수학 논술 문제 | 18. 종석이가 5.89km 떨어진 대섭이네 집에 가고 있습니다. 지금 까지 2.71km를 걸었다면 종석이가 대섭이네 집에 도착하려면 몇 km를 더 걸어야 할까요? |

■ 다음 소수의 뺄셈을 하시오.

❶ $3.48 - 1.07 =$

❷ $3 - 0.87 =$

❸ $3.35 - 1.37 =$

❹ $5 - 2.71 =$

❺ $2.65 - 1.09 =$

❻ $3.71 - 0.85 =$

❼ $4.75 - 2.18 =$

❽ $6.37 - 2.08 =$

❾ $1.81 - 0.07 =$

❿ $1.81 - 0.24 =$

⓫ $4 - 0.06 =$

⓬ $8 - 0.71 =$

식을 세워 보자! _____

정답 : (   )

■ 다음 소수의 뺄셈을 하시오.

❶ 6.25 - 1.07 =

❷ 5 - 3.76 =

❸ 2.35 - 1.27 =

❹ 6.2 - 3.71 =

❺ 4.7 - 1.09 =

❻ 9.2 - 2.71 =

❼ 4.89 - 1.56 =

❽ 1.89 - 0.21 =

❾ 1.87 - 0.3 =

❿ 4.71 - 0.81 =

⓫ 4.2 - 0.87 =

⓬ 6.31 - 0.95 =

재미있게 공부 하는 문장 수학 논술 문제	19. 소라 한상자의 무게는 36.85kg이고 조개 한상자의 무게는 3.63kg입니다. 소라의 무게는 조개의 무게보다 얼마나 더 무거울까요?

■ 다음 소수의 뺄셈을 하시오.

❶ $4.43 - 1.27 =$

❷ $1.91 - 0.37 =$

❸ $5.35 - 3.37 =$

❹ $1.37 - 0.31 =$

❺ $9.09 - 4.36 =$

❻ $4.5 - 2.07 =$

❼ $4.15 - 1.69 =$

❽ $3.7 - 0.81 =$

❾ $5 - 3.27 =$

❿ $4.5 - 0.95 =$

⓫ $1.81 - 0.09 =$

⓬ $3.7 - 1.56 =$

식을 세워 보자! _____

정답 : (　　　　　　　　　)

■ 다음 소수의 뺄셈을 하시오.

❶ 7.83 - 5.27 =

❷ 4.1 - 0.89 =

❸ 2.83 - 0.37 =

❹ 4.21 - 1.21 =

❺ 4.73 - 1.85 =

❻ 5 - 0.81 =

❼ 4.97 - 1.83 =

❽ 4 - 0.35 =

❾ 1.8 - 0.37 =

❿ 5.7 - 3.95 =

⓫ 1.91 - 0.27 =

⓬ 9.51 - 1.83 =

재미있게 공부 하는 문장 수학 논술 문제	20. 신희와 현주가 멀리뛰기를 하였습니다. 신희는 3.56m 뛰었고, 현주는 3.49m 뛰었습니다. 신희는 현주보다 몇 m 더 멀리 뛰었 을까요?

다음 소수의 뺄셈을 하시오.

❶ 7.49 - 3.27 =

❷ 1.37 - 0.09 =

❸ 2.08 - 0.37 =

❹ 2.08 - 0.71 =

❺ 2.45 - 1.09 =

❻ 4.71 - 0.95 =

❼ 4.73 - 1.08 =

❽ 4.21 - 1.55 =

❾ 16.3 - 3.7 =

❿ 5.49 - 2.49 =

⓫ 1.8 - 0.71 =

⓬ 4.58 - 2.71 =

식을 세워 보자! _____

정답 : (   )

■ 다음 소수의 뺄셈을 하시오.

① 1.8 - 0.63 =

② 6.6 - 3.75 =

③ 5.5 - 2.71 =

④ 9.56 - 3.63 =

⑤ 4.85 - 0.37 =

⑥ 9.37 - 1.56 =

⑦ 2.49 - 0.37 =

⑧ 6 - 3.65 =

⑨ 36.5 - 15.6 =

⑩ 8 - 3.56 =

⑪ 36.9 - 10.8 =

⑫ 6.87 - 0.95 =

⑬ 1.95 - 0.08 =

⑭ 7.51 - 3.08 =

⑮ 5.3 - 3.75 =

⑯ 9.81 - 6.37 =

⑰ 8.31 - 2.56 =

⑱ 5.37 - 2.07 =

⑲ 9.56 - 3.63 =

⑳ 5.87 - 2.37 =

㉑ 4.56 - 1.07 =

㉒ 9 - 4.87 =

㉓ 5.87 - 0.95 =

㉔ 4 - 2.98 =

테스트 결과표

성취도 테스트 문제는 앞 장의 공부가 끝나고 얼마나 정확하고 빠르게 습득했는지를 알아보기 위한 확인과정의 테스트입니다.

아이가 무엇을 이해 못하는지 어느 부분에서 실수를 하는지 보완하고 잡아주기 위한 자료로 활용하시면 아이에게 큰 도움이 될 것입니다.

정답수	24문제	21문제	18문제	18문제 이하
성취도	아주 잘함	잘함	보통	부족함

75단계 성취도문제 정답

❶1.17 ❷2.85 ❸2.79 ❹5.93 ❺4.48 ❻7.81 ❼2.12 ❽2.35
❾20.9 ❿4.44 ⓫26.1 ⓬5.92 ⓭1.87 ⓮4.43 ⓯1.55 ⓰3.44
⓱5.75 ⓲3.3 ⓳5.93 ⓴3.5 ㉑3.49 ㉒4.13 ㉓4.92 ㉔1.02

75단계 문장 수학 논술 문제 정답

17. 식 2.55-1.49
답 1.06

18. 식 5.89-2.71
답 3.18

19. 식 36.85-3.63
답 33.22

20. 식 3.56-3.49
답 0.07

01 | 종합문제

■ 다음 문제를 계산 하시오.

❶ $12 - 4.5 =$

❷ $1.9 - 0.2 =$

❸ $4.7 - 0.8 =$

❹ $11 - 5.5 =$

❺ $2.5 - 0.7 =$

❻ $4.2 - 1.9 =$

❼ $6.9 - 0.7 =$

❽ $2.69 + 2.34 =$

❾ $4.13 + 0.07 =$

❿ $15.7 + 3.07 =$

⓫ $2.53 + 1.62 =$

⓬ $14.9 + 5.71 =$

⓭ $6.71 + 8.39 =$

⓮ $17.31 + 7.5 =$

⓯ $4.1 + 0.8 =$

⓰ $6.2 + 3.6 =$

⓱ $1.5 + 1.7 =$

⓲ $4.5 + 6.3 =$

⓳ $3.7 + 1.5 =$

⓴ $2.6 + 4.2 =$

02 | 종합문제

■ 다음 문제를 계산 하시오.

❶ $4.7 + 0.8 =$

❷ $4.9 + 2.5 =$

❸ $1.5 + 1.9 =$

❹ $4.7 + 0.5 =$

❺ $3.2 + 4.5 =$

❻ $2.9 + 5.2 =$

❼ $1.5 + 3.2 =$

❽ $1.8 + 1.8 =$

❾ $7.83 - 5.27 =$

❿ $2.83 - 0.37 =$

⑪ $4.73 - 1.85 =$

⑫ $4.97 - 1.83 =$

⑬ $7.49 - 3.27 =$

⑭ $2.08 - 0.37 =$

⑮ $2.45 - 1.09 =$

⑯ $4.73 - 1.08 =$

⑰ $2.45 + 3.79 =$

⑱ $2.53 + 1.62 =$

⑲ $16.07 + 13.9 =$

⑳ $38.12 + 4.07 =$

03 | 종합문제

■ 다음 문제를 계산 하시오.

❶ $3.5 - 1.9 =$

❷ $9.5 - 6.2 =$

❸ $3.9 - 0.7 =$

❹ $5.3 - 3.9 =$

❺ $7.5 - 0.8 =$

❻ $4.5 - 0.8 =$

❼ $3.5 - 1.5 =$

❽ $5.9 - 2.8 =$

❾ $4.56 + 0.17 =$

❿ $2.59 + 2.87 =$

⑪ $4.63 + 1.58 =$

⑫ $1.17 + 3.5 =$

⑬ $18.5 + 8.37 =$

⑭ $24.5 + 3.79 =$

⑮ $4.78 + 5.37 =$

⑯ $1.7 + 3.6 =$

⑰ $6.9 + 0.7 =$

⑱ $4.2 + 4.9 =$

⑲ $8.2 + 8.3 =$

⑳ $1.7 + 0.3 =$

04 | 종합문제

■ 다음 문제를 계산 하시오.

❶ 4.9 + 0.4 =

❷ 1.3 + 0.9 =

❸ 1.5 + 1.2 =

❹ 2.5 + 3.7 =

❺ 4.2 + 6.5 =

❻ 4.95 - 1.87 =

❼ 2.95 - 1.42 =

❽ 5.65 - 1.37 =

❾ 3.36 - 1.87 =

❿ 4.37 - 1.25 =

⓫ 5.35 - 2.37 =

⓬ 4.75 - 1.09 =

⓭ 5.82 - 2.53 =

⓮ 7.03 - 2.37 =

⓯ 2.89 - 1.07 =

⓰ 2.72 + 2.09 =

⓱ 3.35 + 1.76 =

⓲ 5.33 + 1.79 =

⓳ 2.69 + 3.9 =

⓴ 2.83 + 2.62 =

C-3
초등수학 계산법

초등수학 수준별 능력별 계산법 프로그램

소수의 덧셈과 뺄셈

실력편
정답

실력편 01

❶ 2.1 ❷ 7.0 ❸ 2.5 ❹ 11.9
❺ 2.6 ❻ 16.3 ❼ 3.3 ❽ 12.3
❾ 2.9 ❿ 23.5 ⓫ 6.2 ⓬ 25.4

실력편 02

❶ 3.1 ❷ 19.4 ❸ 7.5 ❹ 29.2
❺ 7.2 ❻ 23 ❼ 5.3 ❽ 48
❾ 18.3 ❿ 54.9 ⓫ 21.7 ⓬ 88.9

실력편 03

❶ 2.2 ❷ 11.2 ❸ 2.7 ❹ 16.7
❺ 6.2 ❻ 17.2 ❼ 10.7 ❽ 24.9
❾ 9.1 ❿ 29.5 ⓫ 9.1 ⓬ 51.9

실력편 04

❶ 5.3 ❷ 21.9 ❸ 7.6 ❹ 16.5
❺ 9.1 ❻ 20.1 ❼ 16.5 ❽ 21.1
❾ 13.9 ❿ 32.2 ⓫ 44.2 ⓬ 38.6

실력편 05

❶ 2 ❷ 44.7 ❸ 2.7 ❹ 18
❺ 5.5 ❻ 10 ❼ 7.4 ❽ 12.9
❾ 16.7 ❿ 20.2 ⓫ 18.4 ⓬ 23.8

실력편 06

❶ 3.4 ❷ 27.2 ❸ 5.2 ❹ 9.7
❺ 7.7 ❻ 21.9 ❼ 8.1 ❽ 13.5
❾ 4.5 ❿ 7.5 ⓫ 7.2 ⓬ 17.6

실력편 07

❶ 4.7 ❷ 17.9 ❸ 3.6 ❹ 14.9
❺ 4.9 ❻ 18 ❼ 9.8 ❽ 23.5
❾ 4.1 ❿ 20.6 ⓫ 7.2 ⓬ 25.4

실력편 08

❶ 3.2 ❷ 21.9 ❸ 10.8 ❹ 17.2
❺ 5.2 ❻ 18.4 ❼ 6.8 ❽ 54.5
❾ 2.8 ❿ 26.2 ⓫ 6 ⓬ 44.7

실력편 01

❶ 4.81 ❷ 10.70 ❸ 5.11 ❹ 12.57
❺ 7.12 ❻ 10.24 ❼ 6.59 ❽ 11.17
❾ 9.22 ❿ 6.38 ⓫ 13.27 ⓬ 20.21

실력편 02

❶ 5.45 ❷ 23.25 ❸ 6.62 ❹ 21.32
❺ 26.89 ❻ 45.20 ❼ 16.55 ❽ 98.06
❾ 10.39 ❿ 2.84 ⓫ 19.68 ⓬ 10.96

실력편 03

❶ 6.24 ❷ 23.05 ❸ 6.62 ❹ 24.97
❺ 2.76 ❻ 9.27 ❼ 4.73 ❽ 5.27
❾ 2.43 ❿ 18.9 ⓫ 5.06 ⓬ 43.38

실력편 04

❶ 5.46 ❷ 26.76 ❸ 6.21 ❹ 54.56
❺ 4.67 ❻ 68.07 ❼ 26.87 ❽ 33.22
❾ 5.65 ❿ 26.67 ⓫ 10.28 ⓬ 49.97

실력편 05

❶ 26.87 ❷ 22.68 ❸ 28.29 ❹ 40.87
❺ 10.15 ❻ 10.79 ❼ 16.03 ❽ 24.4
❾ 12.94 ❿ 53.4 ⓫ 18.21 ⓬ 2.45

실력편 06

❶ 6.24 ❷ 9.23 ❸ 4.15 ❹ 15.21
❺ 29.97 ❻ 29.81 ❼ 42.19 ❽ 27.27
❾ 56.07 ❿ 17.29 ⓫ 5.37 ⓬ 24.67

실력편 07

❶ 5.04 ❷ 46.56 ❸ 5.03 ❹ 18.21
❺ 4.2 ❻ 1.58 ❼ 18.77 ❽ 2.12
❾ 8.79 ❿ 37.67 ⓫ 55.3 ⓬ 49.22

실력편 08

❶ 4.15 ❷ 10.59 ❸ 20.61 ❹ 19.91
❺ 15.1 ❻ 2.46 ❼ 24.81 ❽ 1.69
❾ 16.89 ❿ 47.46 ⓫ 5.87 ⓬ 57.14

실력편 01

❶ 2.6 ❷ 4.9 ❸ 17.5 ❹ 57.2
❺ 18.03 ❻ 19.93 ❼ 10.15 ❽ 36.86
❾ 4.65 ❿ 15.92 ⓫ 41.47 ⓬ 35.27

실력편 02

❶ 5.0 ❷ 5.2 ❸ 5.83 ❹ 15.27
❺ 10.4 ❻ 25.89 ❼ 5.43 ❽ 50.77
❾ 17.45 ❿ 12.99 ⓫ 8.63 ⓬ 56.55

실력편 03

❶ 6.0 ❷ 8.9 ❸ 8.83 ❹ 29.2
❺ 62.8 ❻ 42.79 ❼ 22.99 ❽ 27.54
❾ 61.2 ❿ 12.89 ⓫ 51.75 ⓬ 41.48

실력편 04

❶ 37.2 ❷ 20.8 ❸ 20.3 ❹ 52.07
❺ 49.93 ❻ 7.38 ❼ 15.22 ❽ 7.42
❾ 19.97 ❿ 39.87 ⓫ 58.24 ⓬ 13.61

실력편 05

❶ 21.8 ❷ 5.5 ❸ 19.31 ❹ 14.47
❺ 25.71 ❻ 5.04 ❼ 13.26 ❽ 24
❾ 40.47 ❿ 68.5 ⓫ 18.26 ⓬ 15.87

실력편 06

❶ 5.5 ❷ 18.2 ❸ 16.7 ❹ 10.7
❺ 2.6 ❻ 7.61 ❼ 7.89 ❽ 52.6
❾ 14.12 ❿ 17.11 ⓫ 11.02 ⓬ 41.7

실력편 07

❶ 5.3 ❷ 13.7 ❸ 52.1 ❹ 19.9
❺ 20.91 ❻ 8.56 ❼ 6.17 ❽ 17.3
❾ 4.2 ❿ 10.08 ⓫ 17.11 ⓬ 19.19

실력편 08

❶ 3.8 ❷ 5.9 ❸ 5.51 ❹ 4.91
❺ 20.4 ❻ 33.21 ❼ 10.06 ❽ 73.7
❾ 20.17 ❿ 10.52 ⓫ 43.02 ⓬ 5.52

실력편 01

❶ 7.5 ❷ 8.4 ❸ 1.7 ❹ 12.4
❺ 3.9 ❻ 3.6 ❼ 5.5 ❽ 2.5
❾ 13 ❿ 7.3 ⓫ 9.3 ⓬ 14.2

실력편 02

❶ 1.8 ❷ 14.3 ❸ 2.3 ❹ 14
❺ 6.2 ❻ 4.3 ❼ 2.5 ❽ 7.8
❾ 43.2 ❿ 3.7 ⓫ 9.3 ⓬ 20.8

실력편 03

❶ 1.5 ❷ 12.8 ❸ 4.8 ❹ 10.7
❺ 3.4 ❻ 4.7 ❼ 2.3 ❽ 10.4
❾ 6.5 ❿ 8.4 ⓫ 6.3 ⓬ 14.3

실력편 04

❶ 3.5 ❷ 3.4 ❸ 2 ❹ 12.6
❺ 2.3 ❻ 1.8 ❼ 2.4 ❽ 9.8
❾ 11.8 ❿ 10.1 ⓫ 2.3 ⓬ 21.1

실력편 05

❶ 1.7 ❷ 9.6 ❸ 3.9 ❹ 15.6
❺ 1.6 ❻ 22.3 ❼ 3.3 ❽ 8.2
❾ 5.5 ❿ 12 ⓫ 3.7 ⓬ 20.9

실력편 06

❶ 3.3 ❷ 2.2 ❸ 3.2 ❹ 3.3
❺ 1.4 ❻ 6.3 ❼ 6.7 ❽ 21.6
❾ 8.3 ❿ 4.1 ⓫ 16.3 ⓬ 17.4

실력편 07

❶ 3.7 ❷ 7.1 ❸ 2 ❹ 6.1
❺ 3.1 ❻ 12.8 ❼ 3 ❽ 22.6
❾ 5.2 ❿ 15.2 ⓫ 8.5 ⓬ 19.3

실력편 08

❶ 3.2 ❷ 1.6 ❸ 2.3 ❹ 4.1
❺ 4.2 ❻ 9.3 ❼ 5.4 ❽ 9.9
❾ 4.3 ❿ 6.3 ⓫ 6.1 ⓬ 10.1

실력편 01

❶ 3.08 ❷ 2.95 ❸ 1.53 ❹ 4.35
❺ 4.28 ❻ 4.01 ❼ 1.49 ❽ 1.16
❾ 3.66 ❿ 1.57 ⓫ 2.76 ⓬ 1.63

실력편 02

❶ 3.12 ❷ 2.25 ❸ 2.98 ❹ 6.55
❺ 3.66 ❻ 7.38 ❼ 3.29 ❽ 3.72
❾ 1.73 ❿ 2.06 ⓫ 1.22 ⓬ 2.25

실력편 03

❶ 4.66 ❷ 3.19 ❸ 1.82 ❹ 2.29
❺ 2.36 ❻ 1.58 ❼ 3.31 ❽ 7.77
❾ 5.48 ❿ 3.89 ⓫ 1.74 ⓬ 3.18

실력편 04

❶ 2.41 ❷ 2.13 ❸ 1.98 ❹ 2.29
❺ 1.56 ❻ 2.86 ❼ 2.57 ❽ 4.29
❾ 1.74 ❿ 1.57 ⓫ 3.94 ⓬ 7.29

실력편 05

❶ 5.18 ❷ 1.24 ❸ 1.08 ❹ 2.49
❺ 3.61 ❻ 6.49 ❼ 3.33 ❽ 1.68
❾ 1.57 ❿ 3.9 ⓫ 3.33 ⓬ 5.36

실력편 06

❶ 3.16 ❷ 1.54 ❸ 1.98 ❹ 1.06
❺ 4.73 ❻ 2.43 ❼ 2.46 ❽ 2.89
❾ 1.73 ❿ 3.55 ⓫ 1.72 ⓬ 2.14

실력편 07

❶ 2.56 ❷ 3.21 ❸ 2.46 ❹ 3.0
❺ 2.88 ❻ 4.19 ❼ 3.14 ❽ 3.65
❾ 1.43 ❿ 1.75 ⓫ 1.64 ⓬ 7.68

실력편 08

❶ 4.22 ❷ 1.28 ❸ 1.71 ❹ 1.37
❺ 1.36 ❻ 3.76 ❼ 3.65 ❽ 2.66
❾ 12.6 ❿ 3.0 ⓫ 1.09 ⓬ 1.87

실력편 01

❶ 7.5	❷ 1.7	❸ 3.9	❹ 5.5	❺ 1.8	❻ 2.3	❼ 6.2
❽ 5.03	❾ 4.2	❿ 18.77	⓫ 4.15	⓬ 20.61	⓭ 15.1	⓮ 24.81
⓯ 4.9	⓰ 9.8	⓱ 3.2	⓲ 10.8	⓳ 5.2	⓴ 6.8	

실력편 02

❶ 5.5	❷ 7.4	❸ 3.4	❹ 5.2	❺ 7.7	❻ 8.1	❼ 4.7
❽ 3.6	❾ 2.56	❿ 2.46	⓫ 2.88	⓬ 3.14	⓭ 4.22	⓮ 1.71
⓯ 1.36	⓰ 3.65	⓱ 6.24	⓲ 4.15	⓳ 29.97	⓴ 42.19	

실력편 03

❶ 1.6	❷ 3.3	❸ 3.2	❹ 1.4	❺ 6.7	❻ 3.7	❼ 2
❽ 3.1	❾ 4.73	❿ 5.46	⓫ 6.21	⓬ 4.67	⓭ 26.87	⓮ 28.29
⓯ 10.15	⓰ 5.3	⓱ 7.6	⓲ 9.1	⓳ 16.5	⓴ 2	

실력편 04

❶ 5.3	❷ 2.2	❸ 2.7	❹ 6.2	❺ 10.7	❻ 3.08	❼ 1.53
❽ 4.28	❾ 1.49	❿ 3.12	⓫ 2.98	⓬ 3.66	⓭ 3.29	⓮ 4.66
⓯ 1.82	⓰ 4.81	⓱ 5.11	⓲ 7.12	⓳ 6.59	⓴ 5.45	